科学のアルバム

# アカトンボの一生

佐藤有恒

あかね書房

## もくじ

構成●七尾 純
イラスト●渡辺洋二
今井弓子
林 四郎
装丁●画工舎

科学のアルバム

# アカトンボの一生

## 佐藤有恒（さとう　ゆうこう）

一九二八年、東京都麻布《あざぶ》に生まれる。

子どものころより昆虫《こんちゅう》に興味《きょうみ》をもち、東京都公立学校に勤《つと》めながら昆虫写真を撮《と》りつづける。

一九六三年、東京都銀座《ぎんざ》で虫と花をテーマにした個展《こてん》をひらき、翌《よく》一九六四年に、フリーのカメラマンとなる。

以後《いご》、すぐれた昆虫生態《せいたい》写真を発表しつづけ「昆虫と自然《しぜん》のなかに美を発見した写真家」として注目される。

おもな著書《ちょしょ》に「アサガオ」「ヘチマのかんさつ」「紅葉のふしぎ」「花の色のふしぎ」（共にあかね書房）などがある。

一九九一年、逝去《せいきょ》。

アカトンボのだいひょうは、ナツアカネとアキアカネです。

きょねんの秋《あき》、たんぼや池《いけ》に、卵《たまご》がうみおとされたときから、もう、アカトンボの一生《いっしょう》がはじまっているのです。

➡アキアカネの卵《たまご》。一つ一つの外《そと》がわが、ぬるぬるしたまくでつつまれていて、ものにつきやすい。

⬅エビのような子《こ》ども。三月《がつ》ごろから四月《がつ》いっぱいに見《み》られる。まず頭《あたま》からゆっくり、つぎにしっぽ、最後《さいご》に手足《てあし》のじゅんに出《で》る。

## 卵《たまご》の中《なか》から

卵《たまご》は、水《みず》のそこにしずみ、そのままの形《かたち》で冬《ふゆ》をこします。

そして春《はる》……。

三月《がつ》もなかばをすぎると、水《みず》がぬるんできます。水《みず》の中《なか》には、小《ちい》さな生物《せいぶつ》たちがふえ、水草《みずくさ》もいきおいづきます。

そのころになると、卵《たまご》のからをやぶって、体長《たいちょう》一・二ミリほどの、小《ちい》さなエビのような子《こ》どもが、うまれてきます。

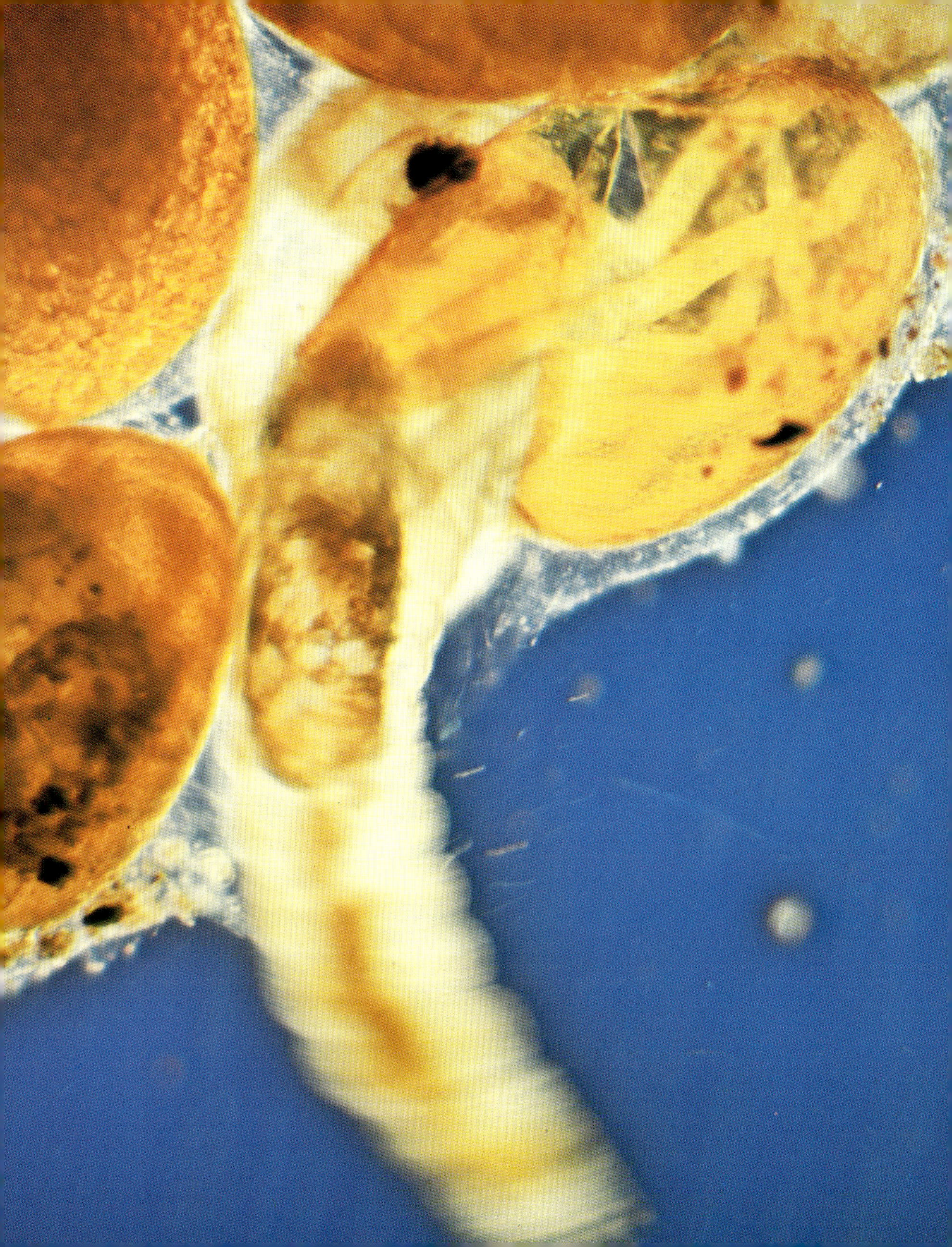

# ヤゴの誕生《たんじょう》

エビのような子《こ》どもが、すぐ皮《かわ》をぬいでヤゴになります。

ヤゴのからだは、外《そと》がわがかたく、中《なか》みがやわらかいつくりになっていますから、中《なか》みがそだって大《おお》きくなるたびに、外《そと》がわの皮《かわ》をぬいでいくのです。

これを〝皮《かわ》ぬぎ〟といいます。

➡卵《たまご》からうまれたばかりのヤゴ（一令《れい》）。体長《たいちょう》・約《やく》一・五ミリ。

⬅一回《かい》、皮《かわ》ぬぎをしたヤゴ（二令《れい》）。体長《たいちょう》約《やく》一・七ミリ。

➡アキアカネのヤゴ（五令《れい》）。顔《かお》の下《した》半分《はんぶん》から、胸《むね》にかけて、大《おお》きなあごがかぶさるようにある。

⬅ボウフラをたべるヤゴ。

## ヤゴのえさとり

ヤゴには、かむあごのほかに、えものをつかまえるための、自由《じゆう》にのびたりたたまれたりするあごがあります。

ふだんは、口《くち》の上《うえ》にかさなっていますが、えものをみつけると、ぱっとのばして、つかまえてしまいます。

あごのさきは、のこぎりのはのようになっていて、一度《ど》つかまったら、けっしてにげだすことはできません。

## そして〝終令《しゅうれい》〟

モンシロチョウとちがって、トンボには〝さなぎ〟がありません。

三か月《げつ》のあいだに、約《やく》十五回《かい》皮《かわ》ぬぎをして、最後《さいご》に一ばん大《おお》きくなったヤゴ〝終令《しゅうれい》〟になります。

やがて、終令《しゅうれい》がじゅうぶんそだちきると、二、三日《にち》、なにもたべず、たんぼのイネかぶや、水《みず》べの草《くさ》のくきにつかまって、じっとしているようになります。

チ。体内《たいない》に水《みず》をすいこんで呼吸《こきゅう》する。

←モノサシトンボのヤゴ。おしりにある三枚《まい》のえらで呼吸《こきゅう》をする。およぐときには、えらをひれのように左右《さゆう》にゆすります。アカトンボのヤゴとくらべてみましょう。

頭《あたま》が出《で》る。

そりかえる。

おきあがって……。

## トンボ誕生《たんじょう》

六月《がつ》のおわりから七月《がつ》にかけて、夜《よる》、ヤゴは水《みず》から出《で》て、イネや草《くさ》にのぼっていきます。

くきや葉《は》にしっかりつかまって最後《さいご》の皮《かわ》ぬぎをはじめます。背中《せなか》がわれて、

羽《はね》がのびはじめる。

羽《はね》がのびきると、おなかが出《で》てくる。

いよいよアキアカネの誕生《たんじょう》です。

それから、すっかり羽《はね》がのびきるまでおよそ一時間《じかん》。

おしりから、体内《たいない》のあまった水分《すいぶん》をぽたぽたっと数《すう》てきおとして羽化《うか》をおわります。

朝《あさ》になって、太陽《たいよう》がのぼりはじめるころには、あわいだいだい色《いろ》のアキアカネになります。

その日《ひ》は、一日中《にちじゅう》じっとしていて羽《はね》をかわかし、二日目《かめ》、はねが、すっかりかわくと、げんきに飛《と》びたちます。

➡羽化《うか》してまもないナツアカネ。

# アカトンボの旅《たび》だち

アカトンボは、からだがじょうぶになると、山《やま》へ山《やま》へと移《うつ》っていきます。

ナツアカネは、近《ちか》くの森《もり》や林《はやし》のしげみにはいって夏《なつ》をすごします。

アキアカネは、もっともっとおくの高《たか》い山《やま》に向《む》かって旅《たび》だっていきます。

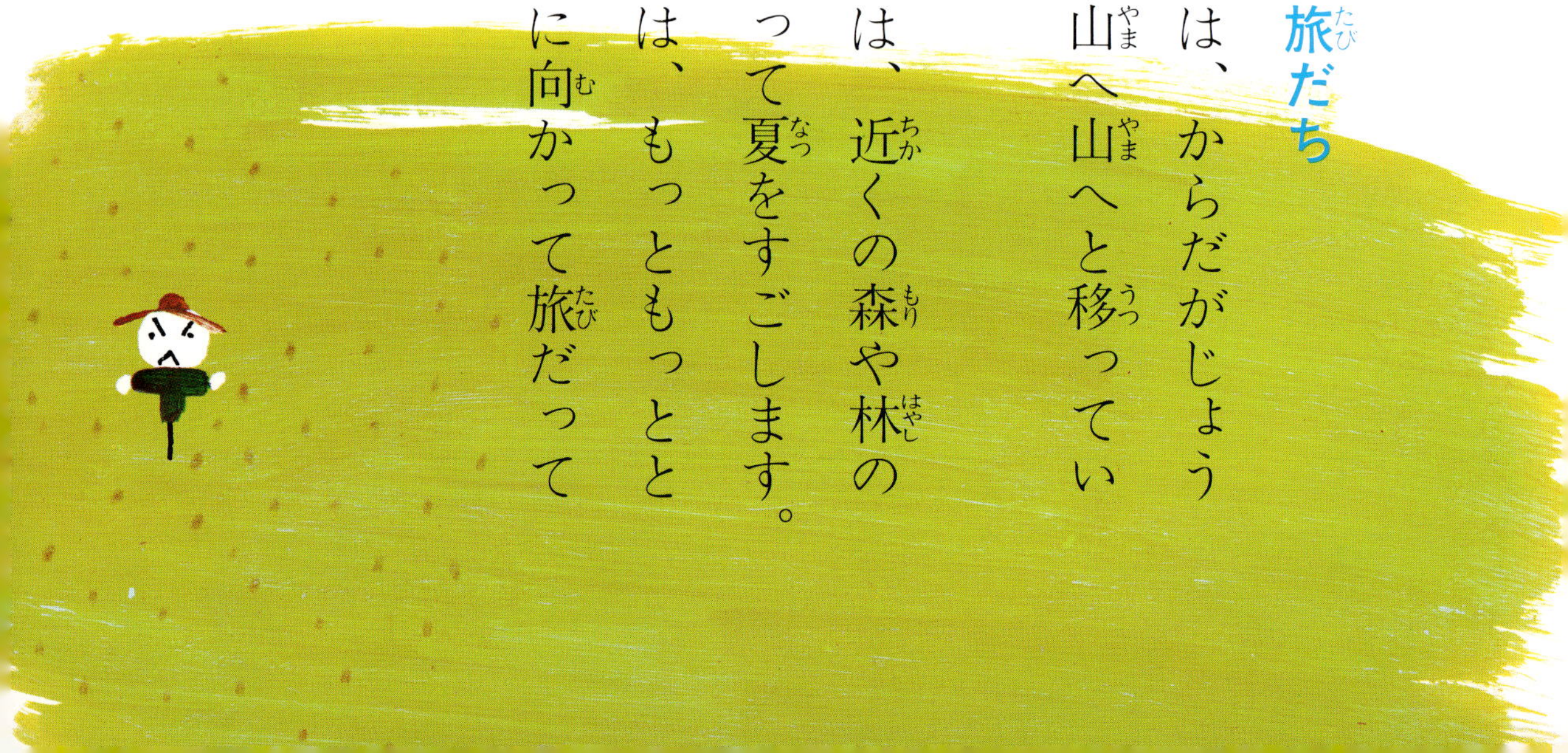

# アカトンボのいろいろ

アカトンボのなかまには、ナツアカネ、アキアカネのほかに、こんな種《しゅ》類《るい》がいます。

なかには、からだが赤《あか》くならない種《しゅ》類《るい》もいます。

⬆ミヤマアカネ

⬇ノシメトンボのオス

↑コノシメトンボのメス

↑コノシメトンボのオス

↓キトンボ

↓マユタテアカネ

カワトンボの複眼《ふくがん》

アキアカネの複眼《ふくがん》
オニヤンマの複眼《ふくがん》

## 目《め》のひみつ①

顔中《かおじゅう》が目《め》かとおもわれるほど、トンボの目《め》は大《おお》きな目《め》です。じつは、この目《め》は複眼《ふくがん》といい、約《やく》三万《まん》個《こ》の目《め》がぎっしりあつまってできています。この複眼《ふくがん》のほかに、顔《かお》のまん中《なか》のところに、三つの単眼《たんがん》があります。

トンボの種類《しゅるい》によって、目《め》のつきかたや、色《いろ》や大《おお》きさが、ちがいます。

## 目《め》のひみつ ②

複眼《ふくがん》を拡大《かくだい》してみると
一つ一つが六角形《かくけい》をして
います。

これがみんなレンズの
はたらきをするのです。

➡アキアカネの複眼《ふくがん》の拡大《かくだい》。

⬇複眼《ふくがん》をレンズに使《つか》って、アブを写真《しゃしん》にとってみると……。

## とまりかたのひみつ

トンボは、棒《ぼう》のさきにとまる習性《しゅうせい》があります。気《き》にいった棒《ぼう》をみつけると、そこをじぶんのものときめこんで、飛《と》びたっていっても、またもどってきます。

①棒《ぼう》をみつけて、ちかづいてきたリスアカネのオス。

②棒《ぼう》のさきに、前《まえ》の四本《ほん》の足《あし》がかかっている。まだ羽《はね》がうごいています。

③後足《うしろあし》がかかると、羽《はね》がとまる。後足《うしろあし》はブレーキのやくめをしているようです。

⬆きけんがないとわかると、羽《はね》を下《した》にさげてとまる。頭《あたま》をくるくるうごかして、あたりをうかがうことをわすれない。

アキアカネのとまりかたは、昼《ひる》と夜《よる》とではちがいます。

昼《ひる》は、きけんがないとわかると、羽《はね》を、やねの形《かたち》のように下《した》にさげて、じっとしていますが、きけんがせまると、一度《ど》、羽《はね》をぐっと上《うえ》にもちあげてから、ぱっととびたちます。

夜《よる》は、つゆがしのげるように葉《は》のうらにぶらさがってとまります。

↓ミヤマカワトンボ・はねたたみ型《がた》。

↓カトリヤンマ・ぶらさがり型《がた》

アキアカネのあごと足《あし》。

足《あし》は、かごのようになる。指《ゆび》をつかませると、なかなかぬけない。

## 足《あし》とあごのひみつ

足《あし》には、トゲのような毛《け》がたくさんはえていて、六本《ぽん》の足《あし》をそろえると、かごのようになります。

トンボはこの足《あし》で、飛《と》びながら虫《むし》をとらえます。

そして、するどいアゴで、つかまえた虫《むし》を、ばりばりかみきってたべてしまいます。

トンボは空《そら》とぶギャング、虫《むし》の世界《せかい》のあばれものです。

←ヨコバイをつかまえたアキアカネ

●コガネグモにつかまったアキアカネ。

トノサマガエルのえさになったシオヤトンボ。

食虫植物《しょくちゅうしょくぶつ》につかまったイトトンボ。

## トンボの天敵《てんてき》

空飛《そらと》ぶギャング、トンボにも、やはりおそろしい敵《てき》がいます。

むちゅうで、えものをおいかけているうちに、うっかりクモのあみにひっかかってしまったり、野鳥《やちょう》のエサになってしまったり……。

アカトンボの大旅行《だいりょこう》は、冒険《ぼうけん》のれんぞくです。

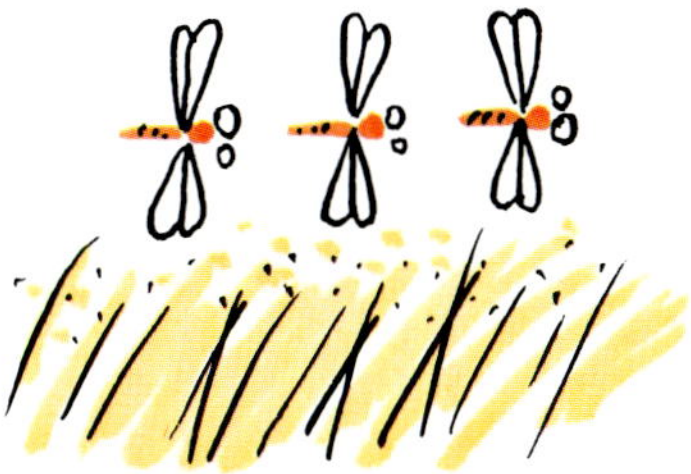

➡たんぼにかえってきたナツアカネのオス。

## かえってきたアカトンボたち

たんぼのイネが黄《き》ばみはじめ、クリがわれておちはじめるころ、大旅《だいりょ》行《こう》をおわったアカトンボたちが、またうまれたところにもどってきます。

すっかりおとなになり、まぎれもなくアカトンボ。オスは、トウガラシのようにまっかです。

秋《あき》、よくはれた日《ひ》には、山《やま》のほうから、オスとメスがつらなったアカトンボのむれが、電柱《でんちゅう》よりも高《たか》いところを飛《と》んでくるのが見《み》られます。

●ナツアカネのおつながり。前《まえ》がオス後《うしろ》がメス。

ナツアカネの結婚《けっこん》。上《うえ》がオス下《した》がメス。

## 産卵《さんらん》の季節《きせつ》

結婚《けっこん》がすむと、アカトンボは、水《みず》べをさがします。

てきとうな水《みず》べをみつけると、おつながりのまま尾《お》のさきで水面《すいめん》をたたくようにして水中《すいちゅう》に卵《たまご》をうみおとします。

⬆アキアカネの産卵《さんらん》。

ギンヤンマ・こんなときにも天敵《てんてき》はねらっています。

## 産卵《さんらん》のいろいろ

トンボの種類《しゅるい》によって、産卵《さんらん》のようすがずいぶんちがいます。

連結型《れんけつがた》と単独型《たんどくがた》、しりで水面《すいめん》をたたくものと、じっとしているもの。中《なか》には、流《なが》れのはげしい水《みず》の中《なか》に、からだごともぐるものもいます。

↑ハグロトンボ・水草《みずくさ》にうみつける。

↓モノサシトンボ・オスがたちあがるかたち。

↑ミヤマカワトンボ・水中《すいちゅう》にもぐってしまう。

↓オオシオカラトンボ・オスが上《うえ》からまもる。

かれ草《くさ》にじっとぶらさがるアキアカネ。

ミヤマアカネの死《し》がい。

つゆにぬれたミヤマアカネ。

## アカトンボの死《し》

産卵《さんらん》がおわると、もう、すっかり秋《あき》もふかまります。

からだのつやもなくなり、夜《よ》つゆをはじく力《ちから》も、飛《と》ぶ力《ちから》もなく、ただ、じっとしているだけです。

そしてある日《ひ》、地《じ》面《めん》にぽとりと落《お》ちて、一生《いっしょう》をおわります。

## ＊生《い》きている化石《かせき》・ムカシトンボ

いまから約《やく》、三億年《おくねん》も前《まえ》、地球全体《ちきゅうぜんたい》が沼池《ぬまち》と森林《しんりん》でおおわれていたころに、もう、トンボの祖先《そせん》があらわれています。フランス、アメリカなどでその化石《かせき》が発見《はっけん》されていますが、それから想像《そうぞう》しますと、羽《はね》をひろげると約《やく》六十センチ体長《たいちょう》は約《やく》四十五センチもある大型《おおがた》のものでした。いまのトンボにくらべて、羽《はね》はよわよわしく、ウスバカゲロウに近《ちか》い形《かたち》をしています。

日本《にっぽん》には、世界《せかい》でもめずらしいトンボがいます。ムカシトンボです。外国《がいこく》では、数百万年前《すうひゃくまんねんまえ》に滅《ほろ》びてしまったのに、日本《にっぽん》とヒマラヤ山中《さんちゅう》のごく一部《いちぶ》にだけ生《い》きのこっているトンボです。

からだつきは、サナエトンボににているのに羽《はね》の形《かたち》は、カワトンボなどににています。

とまるときは、羽《はね》を半開《はんびら》きにしたり、すっかりかさねあわせたり、どちらともつかないとまりかたをします。

このことから、ムカシトンボは、トンボの祖《そ》先《せん》の性質《せいしつ》をのこしているといわれています。

↑羽《はね》を半開《はんびら》きにしてとまるムカシトンボ。

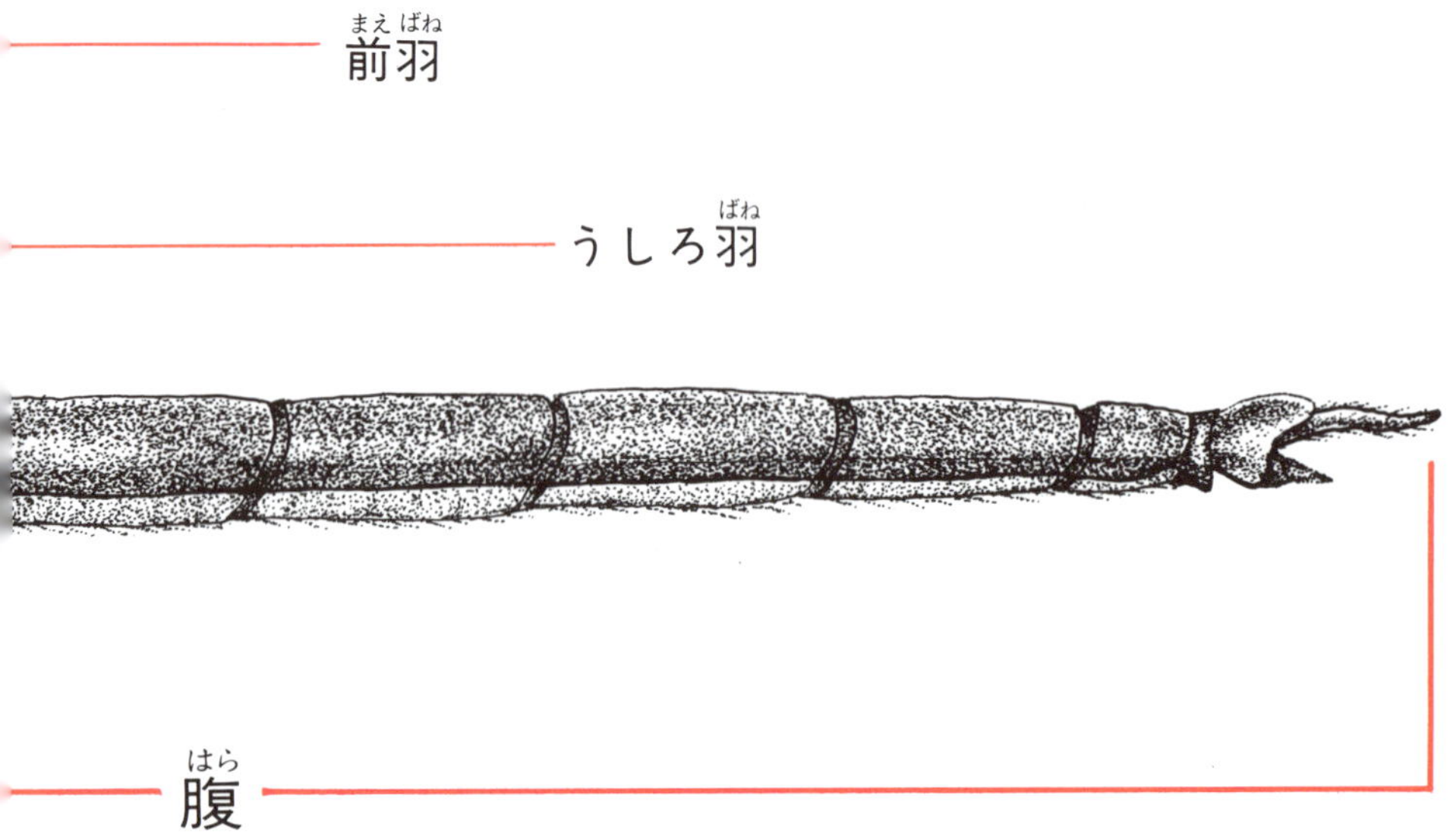


トンボをつかまえたら、上《うえ》の絵《え》とくらべてみましょう。

トンボのからだをよく見《み》ると、頭《あたま》、胸《むね》、腹《はら》四枚《まい》の羽《はね》、六本《ぽん》の足《あし》、二つの複眼《ふくがん》と三つの単《たん》眼《がん》、それに二本《ほん》の触角《しょっかく》と、こん虫《ちゅう》の特長《とくちょう》がはっきりあらわれています。そして、からだのそれぞれの部分《ぶぶん》が、生活《せいかつ》するのにつごうのよい作《つく》りになっていることがわかります。

**複眼《ふくがん》**・飛《と》んでいる小《ちい》さな虫《むし》を見《み》のがさないように、顔中《かおじゅう》にひろがった大《おお》きな二《ふた》つの目《め》。

トンボには、外《そと》のようすが、どのように見《み》えているでしょうか。まだ、はっきりとたしかめた人《ひと》はいませんが、たぶん、一つ一つのレンズをとおってきた光《ひかり》が、一つに組《く》みあわさって、モザイクの絵《え》のように見《み》えるだろうと考《かんが》えられています。

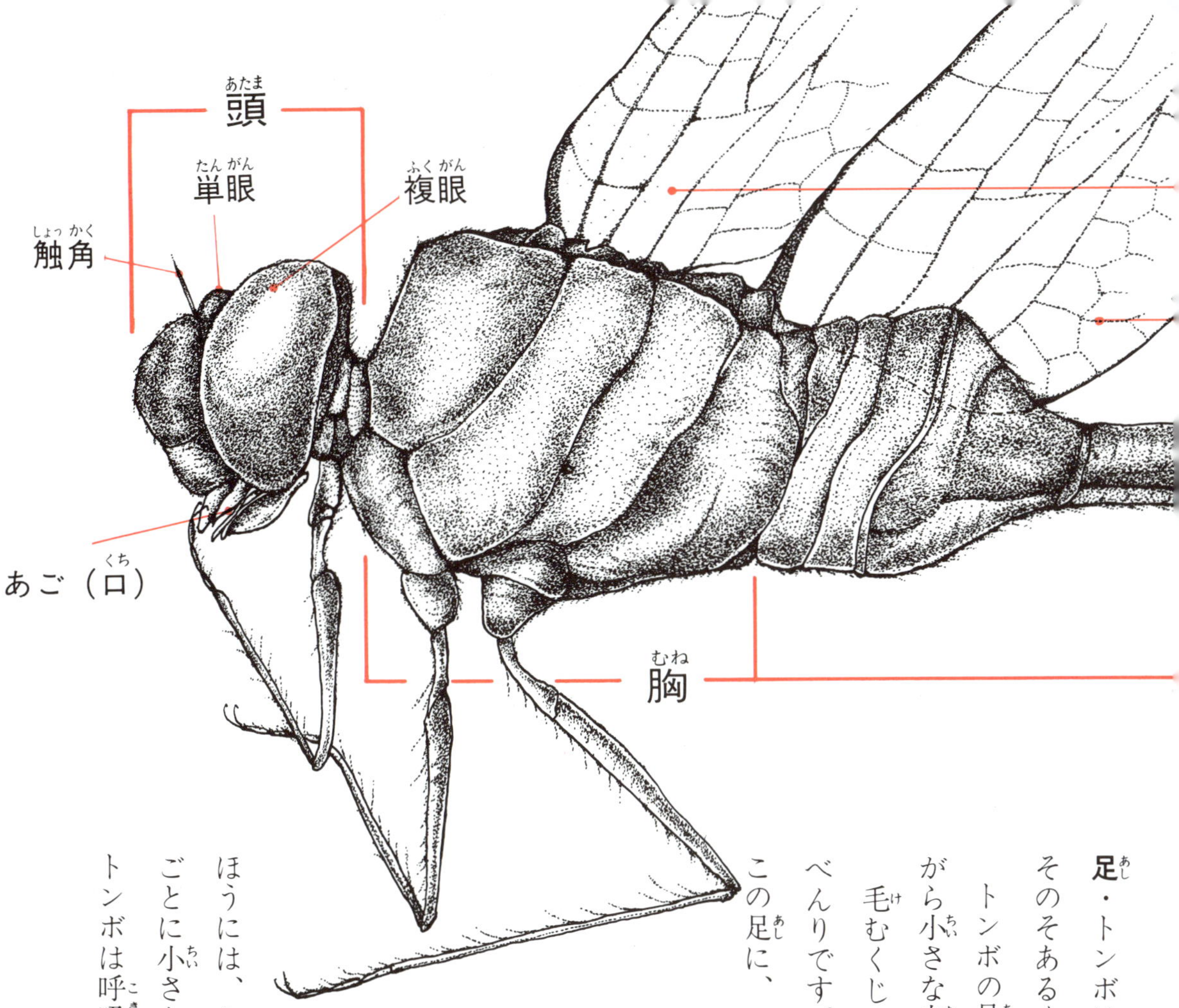


**足**《あし》・トンボは、ほかのこん虫《ちゅう》とちがって、のそのそあるくことは、めったにありません。

トンボの足《あし》は、おもにとまること、飛《と》びながら小《ちい》さな虫《むし》をつかまえることにつかいます。毛《け》むくじゃらで、かごのような足《あし》はとてもべんりです。どこにでも、つかまりやすく、この足《あし》に、一度《と》すっぽりとつつまれると、よほどつよい虫《むし》でも、にげだすことはできません。

**胸**《むね》・胸《むね》が一つのかたまりのようになっていて、中《なか》には、羽《はね》をうごかす、つよい筋肉《きんにく》がはりめぐらされています。

**腹**《はら》・細長《ほそなが》くて空中《くうちゅう》をはやく飛《と》ぶのにべんりです。腹《はら》の下《した》のほうには、たてに割《わ》れ目《め》がはしっていて、節《ふし》ごとに小《ちい》さな穴《あな》(気門《きもん》)があります。そこで、トンボは呼吸《こきゅう》をしているのです。

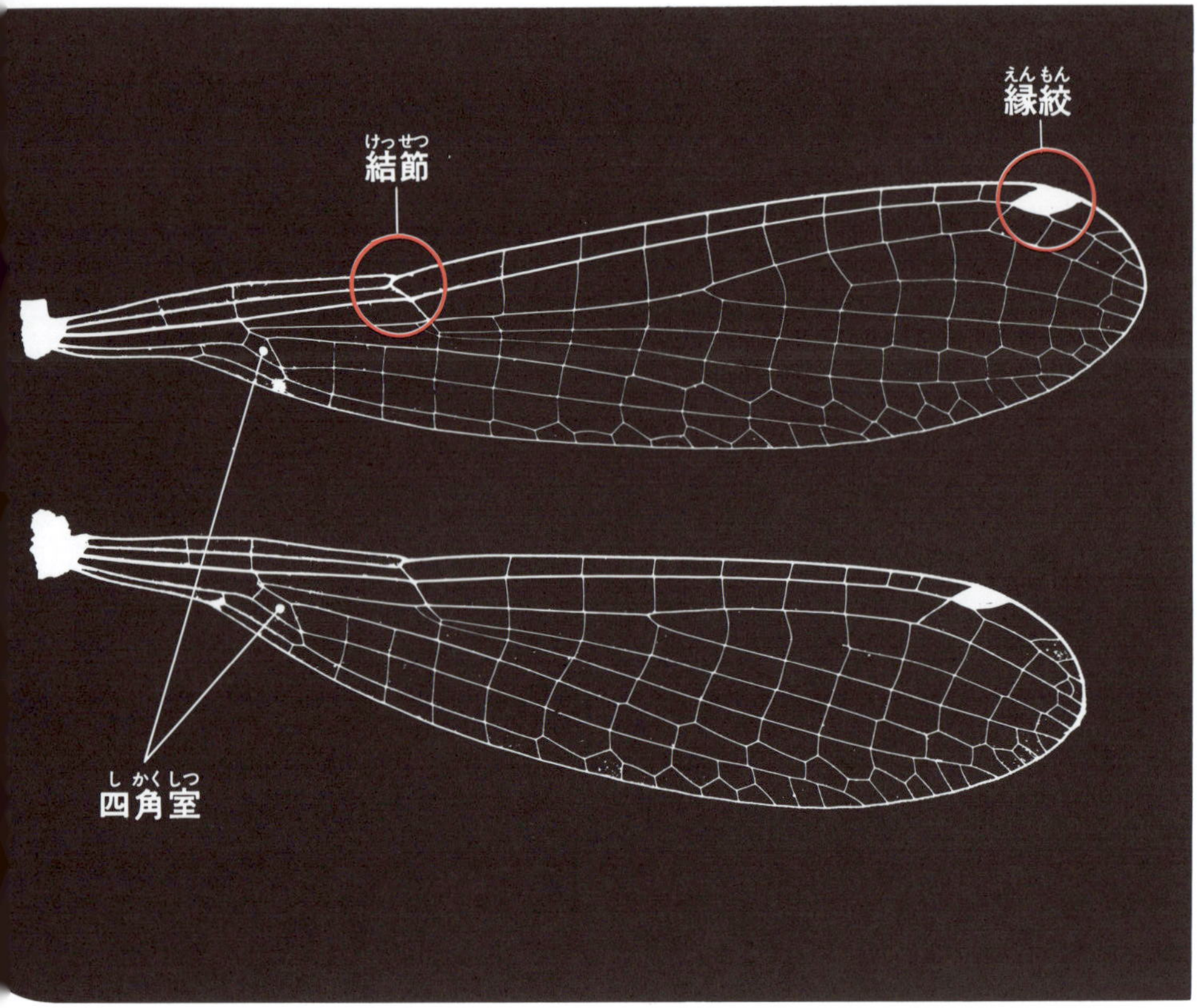


トンボは、大《おお》きく二《ふた》つのグループに分《わ》けることができます。前《まえ》の羽《はね》とうしろの羽《はね》とが同《おな》じ形《かたち》をしているなかま（均翅類《きんしるい》）と、前《まえ》とうしろの羽《はね》がちがうなかま（不均翅類《ふきんしるい》）です。この二《ふた》つのグループは、羽《はね》の形《かたち》だけでなく、その羽《はね》の動《うご》かしかたにもはっきりしたちがいがあります。

均翅類《きんしるい》にはいるトンボは、イトトンボ類《るい》や、カワトンボ、ハグロトンボのなかまがいます。

このなかまは、とまるとき、四枚《まい》の羽《はね》をぴったりかさねてとじます。

カワトンボとハグロトンボは、とまっているとき、羽《はね》をひらいたりとじたりするおもしろい習性《しゅうせい》があります。

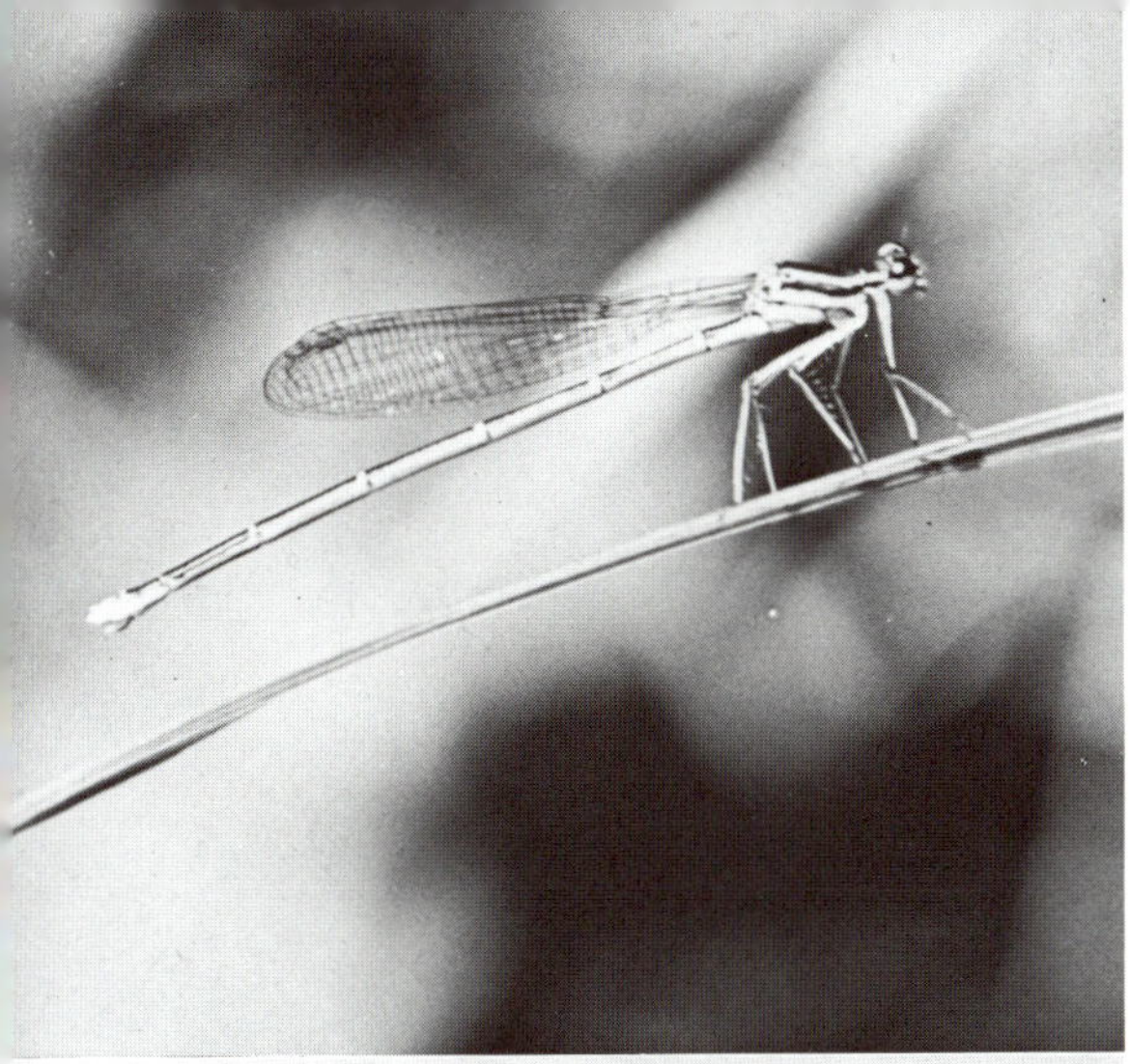

モノサシトンボ

ハグロトンボ

カワトンボ

## 羽《はね》のひみつ

トンボの羽《はね》をこまかく見《み》ると、前《まえ》べりの脈《みゃく》がふとくじょうぶで、うしろべりにいくにしたがって細《ほそ》くしなやかです。このため、羽《は》ばたきのとき、ななめ下《した》から上《うえ》にのぼる空気《くうき》の流《なが》れが、しぜんにできて、からだを空中《くうちゅう》にかるくうかびあがらせることができるのです。

前《まえ》べりの先《さき》にある、色《いろ》のついた縁紋《えんもん》、前《まえ》べりの途中《とちゅう》にある結節《けっせつ》、根《ね》もとにある三角室《さんかくしつ》、（均翅類《きんしるい》は四角室《しかくしつ》）は、トンボにだけ見《み》られるもので、これは、羽《はね》のつよさや安定《あんてい》に関係《かんけい》があると考《かんが》えられます。

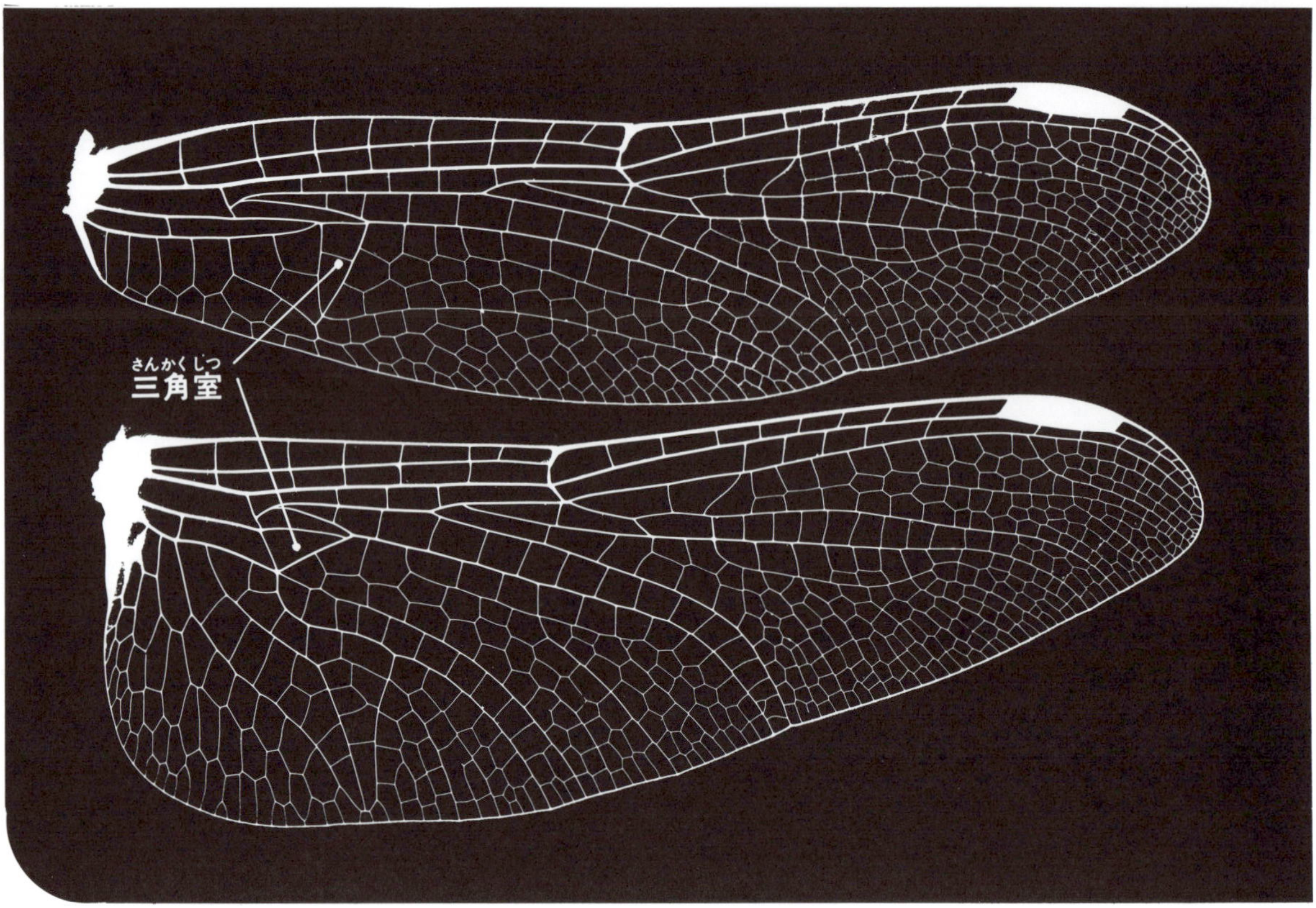


不均翅類《ふきんしるい》にはいるトンボは、アキアカネ、シオカラトンボ、オニヤンマ、ギンヤンマなど、たいていのトンボがこのなかまです。

前羽《まえばね》がせまく、うしろ羽《ばね》がひろい。胸《むね》をよこから見《み》ると、前羽《まえばね》とうしろ羽《ばね》が、段《だん》ちがいについていることがわかります。

このなかまのトンボは、とまるとき羽《はね》を左右《さゆう》にひろげます。アカトンボや、シオカラトンボのように棒《ぼう》の先《さき》などにとまるトンボは、まず半《はん》びらきにしてとまり、危険《きけん》がないとわかると、羽《はね》をぐっとさげる習性《しゅうせい》があります。

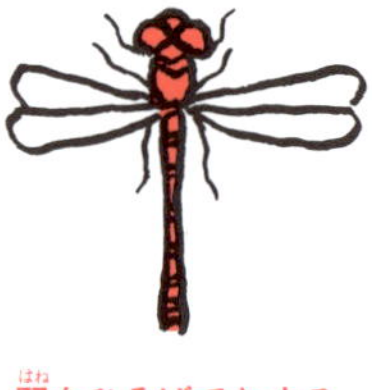
羽《はね》をひろげてとまる。

羽《はね》をさげてとまる。

シオカラトンボ

ギンヤンマ

オニヤンマ

## ムカシトンボのふしぎ

トンボは、大《おお》きく不均翅類《ふきんしるい》と均翅類《きんしるい》とに分《わ》けられることがわかりました。でも、このどちらにもにていて、どちらでもない、中間《ちゅうかん》のトンボがいます。それがムカシトンボです。

ムカシトンボは、からだは、不均翅類《ふきんしるい》ににているのに、羽《はね》は、均翅類《きんしるい》にちかく、とまるときは、羽《はね》を半開《はんぴら》きにすることが多《おお》いといった、中間《ちゅうかん》の性質《せいしつ》をもっています。これが、まだ進化《しんか》していない祖先《そせん》の性質《せいしつ》をいまにのこす、生《い》きた化石《かせき》といわれる理由《りゆう》なのです。

トンボのオスとメスのちがいがわかりますか。シオカラトンボはすぐわかります。オスは、生《う》まれたばかりのとき、ムギワラ色《いろ》をしていますがだんだんにからだじゅうから白《しろ》い粉《こな》をふきだし、まるでからだ全体《ぜんたい》がネズミ色《いろ》のように変《か》わっていきます。メスは、もともとのムギワラのような色《いろ》のままですから、すぐ見分《みわ》けがつきます。

でも、ちょっと見《み》ただけでは見分《みわ》けがつかないトンボがほとんどです。そんなときには、胸《むね》にちかい腹《はら》の下《した》のほうをしらべてみてください。メスは、なめらかですが、オスには、小《ちい》さくつき出《で》た突起《とっき》があります。

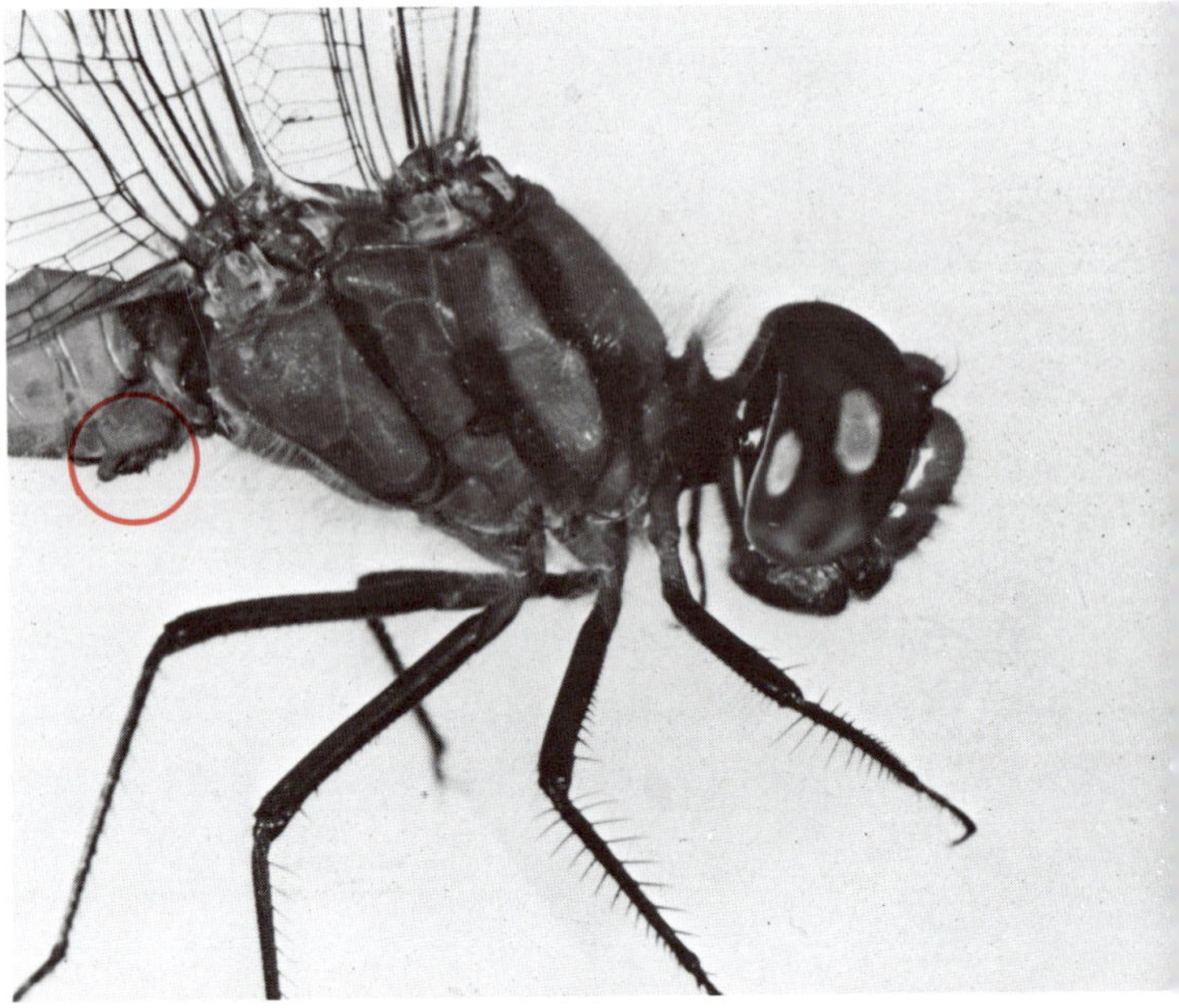

↑ナツアカネのオス。

↓ナツアカネのメス。

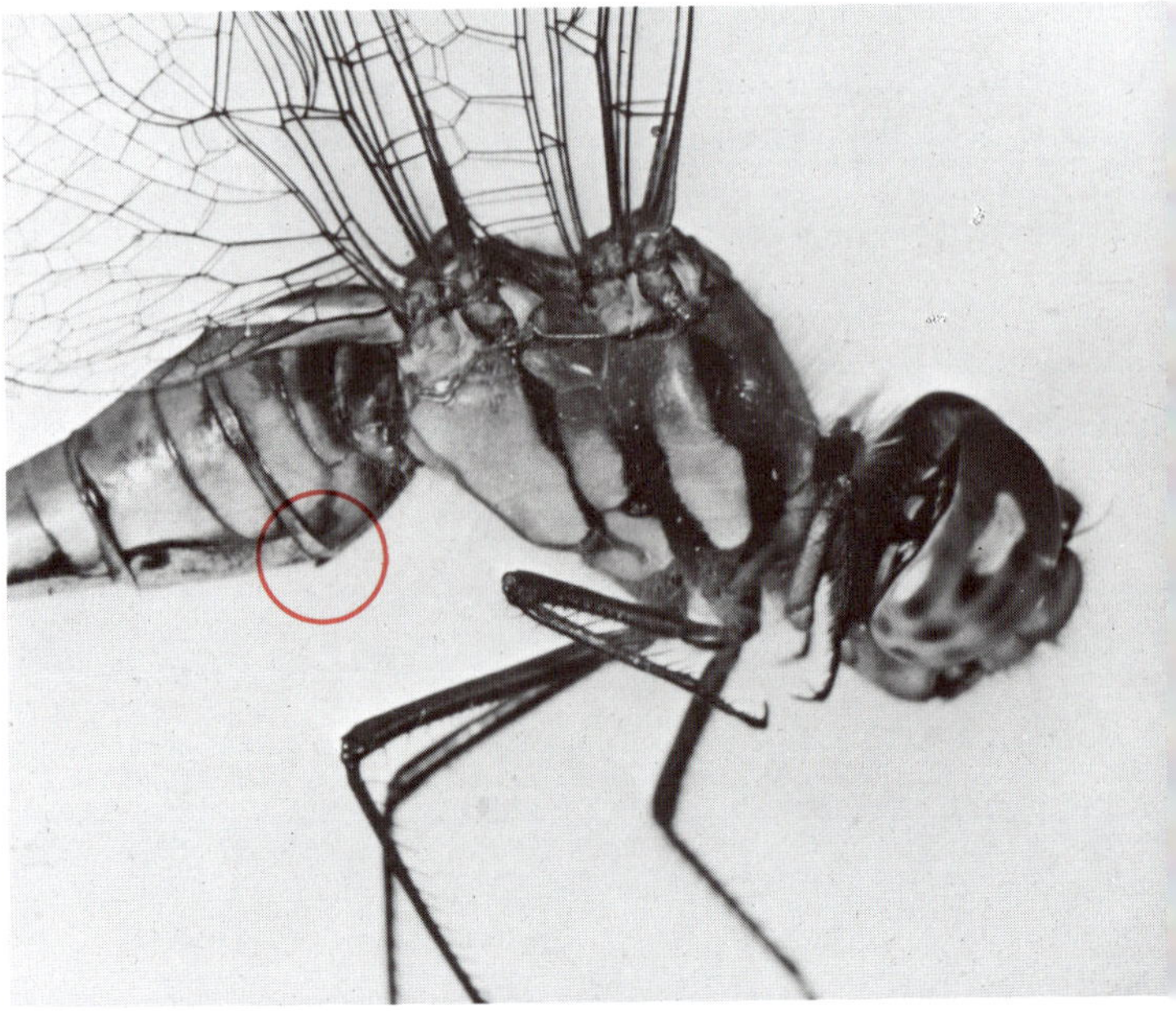

⬆ナツアカネのメス。

⬇アキアカネのメス。

アカトンボの代表《だいひょう》はナツアカネとアキアカネですが、この二つの区別《くべつ》がつきますか。夏《なつ》に見《み》られるのがナツアカネ、秋《あき》に見《み》られるのがアキアカネ……。

いいえ、どちらも、七月《がつ》頃《ごろ》から秋《あき》にかけて見《み》られるトンボです。

胸《むね》のもようを注意《ちゅうい》ぶかく見《み》てください。ななめにはしっている黒《くろ》い線《せん》がありますね。この黒《くろ》い線《せん》と線《せん》のあいだのはばが、一方《いっぽう》はひろく、一方《いっぽう》はせまいでしょう。ひろいほうがナツアカネ、せまいほうがアキアカネで、二つのトンボは、まったく別《べつ》の種類《しゅるい》なのです。アカトンボのなかまには、ほかにもいろいろな種類《しゅるい》がいますが、それぞれ、羽《はね》や胸《むね》のもようで見分《みわ》けることができます。

チョウは、卵《たまご》、幼虫《ようちゅう》、さなぎ時代《じだい》をすごしてから、羽化《うか》し成虫《せいちゅう》となります。トンボは同《おな》じこん虫《ちゅう》ですが、だいぶちがいます。水中《すいちゅう》で卵《たまご》から生《う》まれたヤゴが、十数回《じゅうすうかい》皮《かわ》ぬぎをくりかえしてだんだん大《おお》きくなり、やがて、十分《じゅうぶん》そだったヤゴが水《みず》の上《うえ》にでて、最後《さいご》の皮《かわ》ぬぎをして、成虫《せいちゅう》が生《う》まれてきます。

この順序《じゅんじょ》は、どのトンボも同《おな》じですが、おもしろいことに羽化《うか》の仕方《しかた》、羽化《うか》の時間《じかん》に、それぞれ二つのタイプがあります。

**夜型《よるがた》と朝型《あさがた》**　夜型《よるがた》には、アキアカネ、オニヤンマ、ギンヤンマ、シオカラトンボなどがいます。夜《よる》、十一時頃《じごろ》からヤゴの背中《せなか》が割《わ》れはじめ、約《やく》一時間《じかん》ぐらいでおわります。そして、朝《あさ》になるころには、うすく色《いろ》づき、飛《と》びたちます。

朝型《あさがた》には、サナエトンボ、ムカシトンボ、モノサシトンボなどがいます。朝《あさ》六時《じ》ごろからぬぎはじめ、一時間《じかん》ぐらいでおわります。羽《はね》がのびきると、すこし高《たか》いところにうつって、からだがじょうぶになるのをしずかに待《ま》ちます。

**もちあげ型《がた》とそりかえり型《がた》**　ヤゴの背中《せなか》が割《わ》れて、からだを上《うえ》にもちあげるようにして出《で》てくるサナエトンボなどと、下《した》にぐーっとそりかえるシオカラトンボなどとがいます。

## もちあげ型《がた》

クロサナエ

①背《せ》中《なか》がわれて…。

②からだをもちあげる。

イトトンボ
カワトンボ
クロサナエ

## そりかえり型《がた》

シオカラトンボ

①背《せ》中《なか》がわれて…。

②からだがそりかえる。

アキアカネ
ナツアカネ
シオカラトンボ
ギンヤンマ
オニヤンマ

四月《がつ》から六月《がつ》になると、ほとんどのヤゴがもう大《おお》きくそだっていますから、さがしやすく、短《みじか》いあいだに羽化《うか》が見《み》られます。

水《すい》そうで、ヤゴを飼育《しいく》して、羽化《うか》のようすを観察《かんさつ》してみませんか。

**ヤゴのさがしかた**　トンボの種類《しゅるい》によって、ヤゴのいる場所《ばしょ》がちがいます。カワトンボ、ハグロトンボのなかまは、水《みず》のきれいな小川《おがわ》に、アカトンボ、シオカラトンボなどは、水《みず》のあさい池《いけ》にいます。

また、ヤゴのくらしかたも種類《しゅるい》によってちがいます。砂《すな》の上《うえ》や、中《なか》にもぐっているものもいます。シオカラトンボ、コヤマトンボ、サナエトンボ、オニヤンマなどです。水草《みずくさ》のくきなどにつかまっているヤゴもいます。カワトンボ、イトトンボ、ギンヤンマなどです。ですから、アミでヤゴをすくうとき、どこにどの種類《しゅるい》がいるかを知《し》っているとべんりですね。

**エサのあたえかた**　イトミミズ、アカボウフラ、小さな水生《すいせい》こん虫《ちゅう》などをよくたべます。かならず生《い》きているものでなければなりません。たべのこしがないくらいの量《りょう》をあたえることがだいじなコツです。たべのこしがでると、水《みず》がにごったりくさったりして、ヤゴがしんでしまいます。

アカボウフラをつかまえたカワトンボのヤゴ。

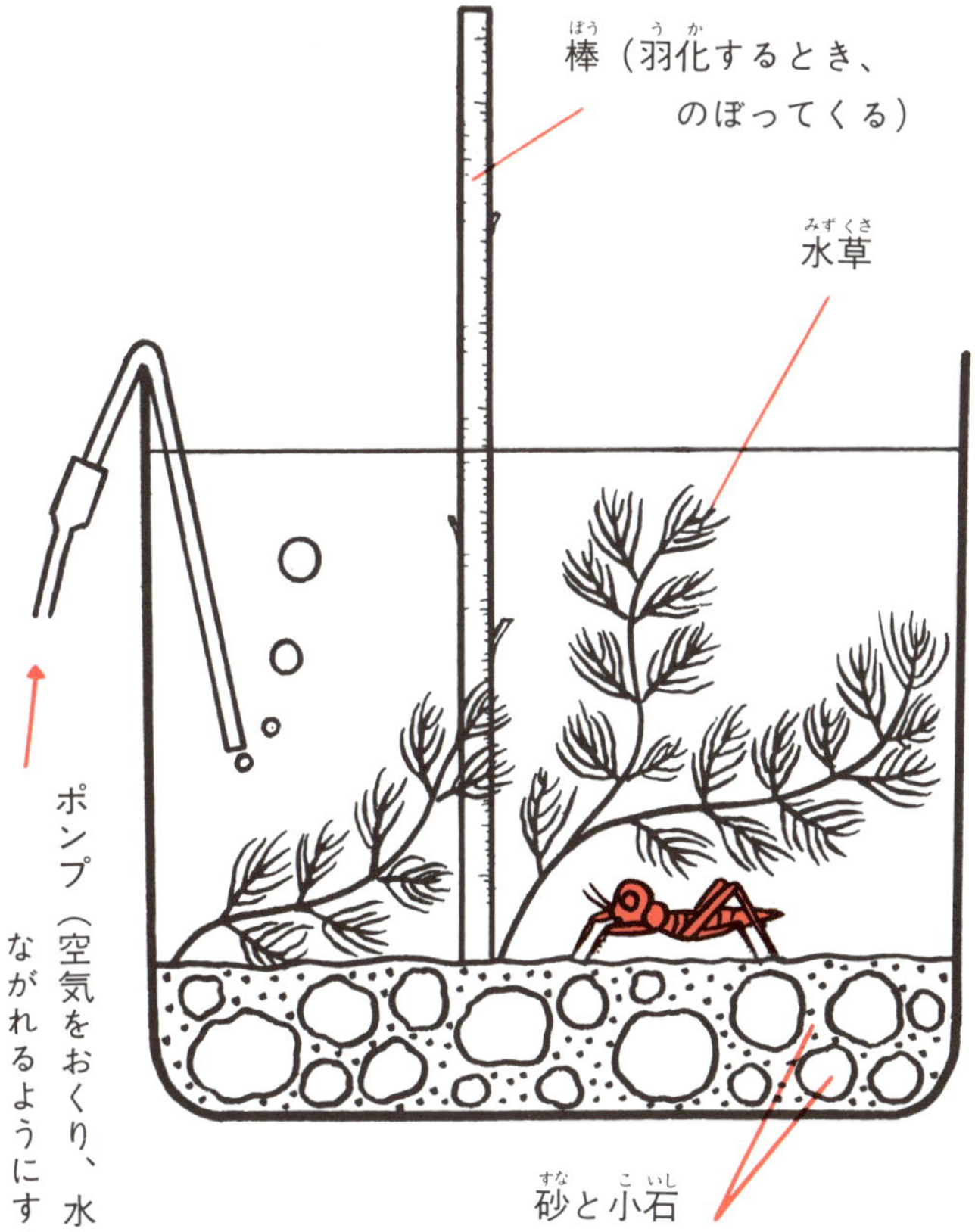


ヤゴを飼育する水そう

## ヤゴのいるところ

水《みず》のきれいな小川《おがわ》。

水《みず》のあさい池《いけ》。

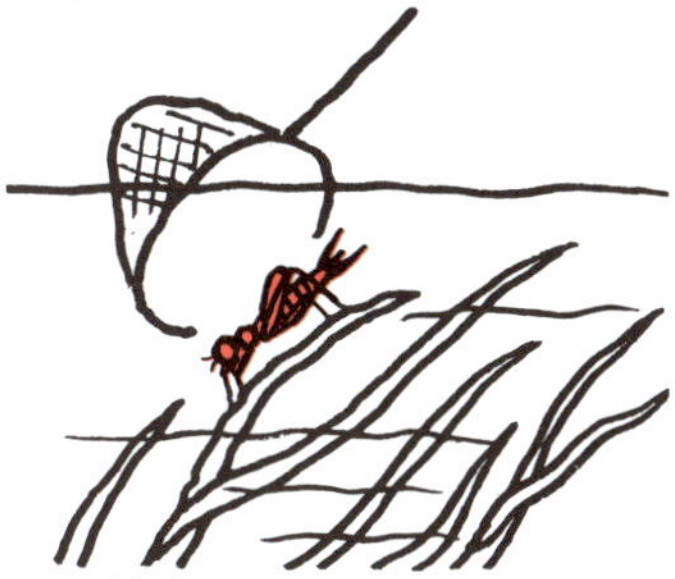

水草《みずくさ》につかまっている。

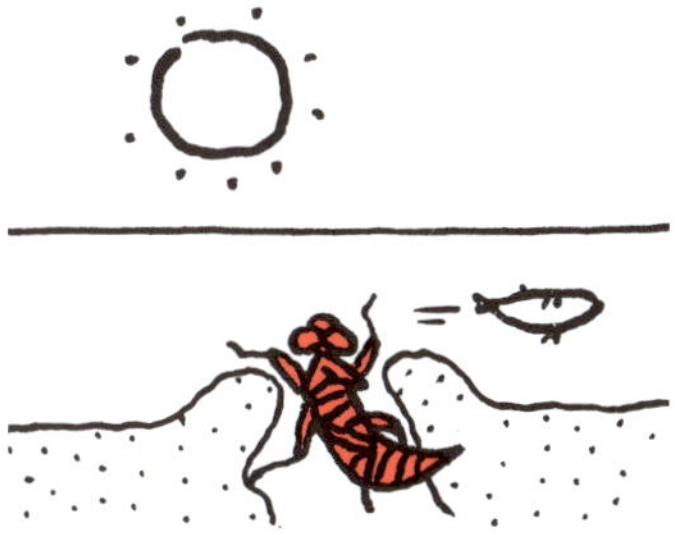

砂《すな》にもぐっている。

# あとがき

およそ一八〇種《しゅ》いるといわれる日本《にほん》のトンボの中《なか》から、アカトンボをえらびました。アカトンボは、うたにもうたわれる、私《わたくし》たちに親《した》しいトンボだからです。本文《ほんぶん》にもありますように、アカトンボは、たくさんのアカネのなかまをさしていう総称《そうしょう》です。

秋《あき》、台風《たいふう》が吹《ふ》き去《さ》ったつぎの日《ひ》のことです。日本晴《にほんば》れの空《そら》を、オス、メスつながって西《にし》の方《ほう》から、いく組《くみ》もいく組《くみ》も飛行《ひこう》してくるアキアカネの姿《すがた》をみられたのは、まだ、そう遠《とお》い昔《むかし》のことではありません。校庭《こうてい》のアスファルトにたまった水《みず》に尾《お》をつけて産卵《さんらん》するのを、休《やす》み時間《じかん》に一年生《ねんせい》がおいかけまわしたものでした。郊外《こうがい》へ行《ゆ》くとまだ、羽《はね》に茶色《ちゃいろ》の帯《おび》をもつミヤマアカネが、ヒガンバナの上《うえ》にとまっていたりします。ちかづくと首《くび》をくるりと一回転《かいてん》して、飛《と》び立《た》ったりします。

この本《ほん》を読《よ》んで、トンボの一生《しょう》やトンボの行動《こうどう》に興味《きょうみ》をもってくださったなら、幸《しあわ》せです。都会《とかい》の中《なか》でもまだかなり見受《みう》けられるシオカラトンボなどを、よく観察《かんさつ》してみたらいかがでしょう。

東京《とうきょう》歯科《しか》大学《だいがく》枝重夫《えだしげお》博士《はくし》、多摩《たま》動物《どうぶつ》公園《こうえん》昆虫《こんちゅう》飼育《しいく》係長《かかりちょう》矢島《やじま》稔《みのる》先生《せんせい》のお二人《ふたり》には、特《とく》に御助言《ごじょげん》と御指導《ごしどう》をいただきました。厚《あつ》く御礼《おれい》を申《もう》しあげます。

佐藤有恒《さとうゆうこう》

（一九七一年九月）

NDC486
佐藤有恒
科学のアルバム　虫 4
アカトンボの一生

あかね書房 2022
54P　23×19cm

科学のアルバム
アカトンボの一生
一九七一年九月初版
二〇〇五年 四 月新装版第 一 刷
二〇二二年一〇月新装版第一四刷
著者　佐藤有恒
発行者　岡本光晴
発行所　株式会社 あかね書房
〒一〇一－〇〇六五
東京都千代田区西神田三－二－一
電話〇三－三二六三－〇六四一（代表）
ホームページ http://www.akaneshobo.co.jp
印刷所　株式会社 精興社
写植所　株式会社 田下フォト・タイプ
製本所　株式会社 難波製本

ISBN978-4-251-03310-9
定価は裏表紙に表示してあります。
落丁本・乱丁本はおとりかえいたします。

**○表紙写真**

・アキアカネの複眼《ふくがん》

**○裏表紙写真（上から）**

・葉《は》のさきにとまっている
アキアカネ

・大きなあごのあるヤゴの顔《かお》

・最後《さいご》の皮《かわ》ぬぎをおえたアキアカネ

**○扉写真**

・たんぼにかえってきた
ナツアカネのオス

**○もくじ写真**

・アカトンボのおつながり